Maria Merian's
Butterflies Colouring Book

梅里安的蝴蝶手绘图

【德】玛利亚·梅里安
(Maria Merian) 绘
李锐 译注

上海书画出版社

图书在版编目(CIP)数据

梅里安的蝴蝶手绘图/(德)玛利亚 · 梅里安(Maria Merian)绘;李锐译注.--上海:上海书画出版社,2017.8

ISBN 978-7-5479-1560-8

Ⅰ.①梅… Ⅱ.①玛… ②李… Ⅲ.①蝶-图集Ⅳ.①Q969.42-64

中国版本图书馆CIP数据核字(2017)第170789号

梅里安的蝴蝶手绘图

[德] 玛利亚 · 梅里安(Maria Merian) 绘
李锐 译注

责任编辑 眭菁菁 陈元棪
审 读 朱莘莘
封面设计 王 峥
技术编辑 顾 杰

出版发行 上海世纪出版集团
上海书画出版社
地址 上海市延安西路593号 200050
网址 www.ewen.co
www.shshuhua.com
E-mail shcpph@163.com
制版 上海文高文化发展有限公司
印刷 上海昌鑫龙印务有限公司
经销 各地新华书店
开本 965×635 1/8
印张 12.5
版次 2017年8月第1版 2017年8月第1次印刷
印数 0,001-5,000

书号 ISBN 978-7-5479-1560-8
定价 68.00元

简介

玛利亚·西比拉·梅里安（1647–1717）自幼就对蝴蝶、蛾子以及它们的变态过程甚为着迷。长大之后，她对欧洲和南美昆虫的生命周期研究倾注了全部的精力，并在她一系列精妙的绘本中发布了她的研究成果。

1679 年，梅里安出版了她的第一本关于昆虫变态的作品《毛虫的奇妙转变和它们的植物营养》。这本书通过她对昆虫优美的文字描写和雕版刻画，展现了每种昆虫与其寄生植物的生命循环。而她的旷世之作《苏里南昆虫变形记》则诞生在 26 年后的 1705 年，这本书是梅里安献给“所有热爱和研究自然的人们”的，也是她在荷兰的南美殖民地苏里南为期两年的研究成果。本书中的许多作品都是从这本书中选取的。

梅里安和她最小的女儿多萝西娅，在 1699 年的夏天乘船前往苏里南。从阿姆斯特丹到苏里南首都帕拉马里博，艰险的海上航行延续了两个月。到达之后，她们在一个有五百个木屋的种植园里安顿下来，住在一个带有小花园的房子里，花园里培育着她们从当地采集到的植株。此外，梅里安和女儿还到周围的森林和偏远的种植园里开展了多次探险，对遇到的昆虫和植物进行细致的观察，并将样本带回培育、研究，扩充样本量。梅里安把她们的发现巨细靡遗地一一记录下来，准备在返回阿姆斯特丹之后一并出版。

除了出版《苏里南昆虫变形记》，梅里安至少还创作了两套书中堪称奢华的插画系列。其中一套为英国皇室所珍藏，在 18 世纪下半叶由乔治三世为充实其大型科学图书馆购得。这些作品是部分印刷、部分手绘在牛皮纸上的。甫一面世，这些融合了艺术匠心和科学理性的作品便广受赞誉。或许也得益于她的两个同为艺术家的女儿，梅里安充满生气的画作散发出昆虫蜕变的迷人魅力和她对异域动植物的热忱。

梅里安不是 17 世纪唯一参与科学实验的女性，也不是唯一远渡南美或出版博物著作的女性。但她是她们当中最非凡的一位，在艺术和昆虫学领域里为整个欧洲留下了一笔令人叹为观止的财富。而她的图解技法也被很多后继的博物学家和植物学家在著述中采用。

梅里安历久弥新的画作有着无与伦比的自然之美和严谨扎实的写实之风，再一次让读者领略到蜕变的神奇和自然界令人屏息的美。

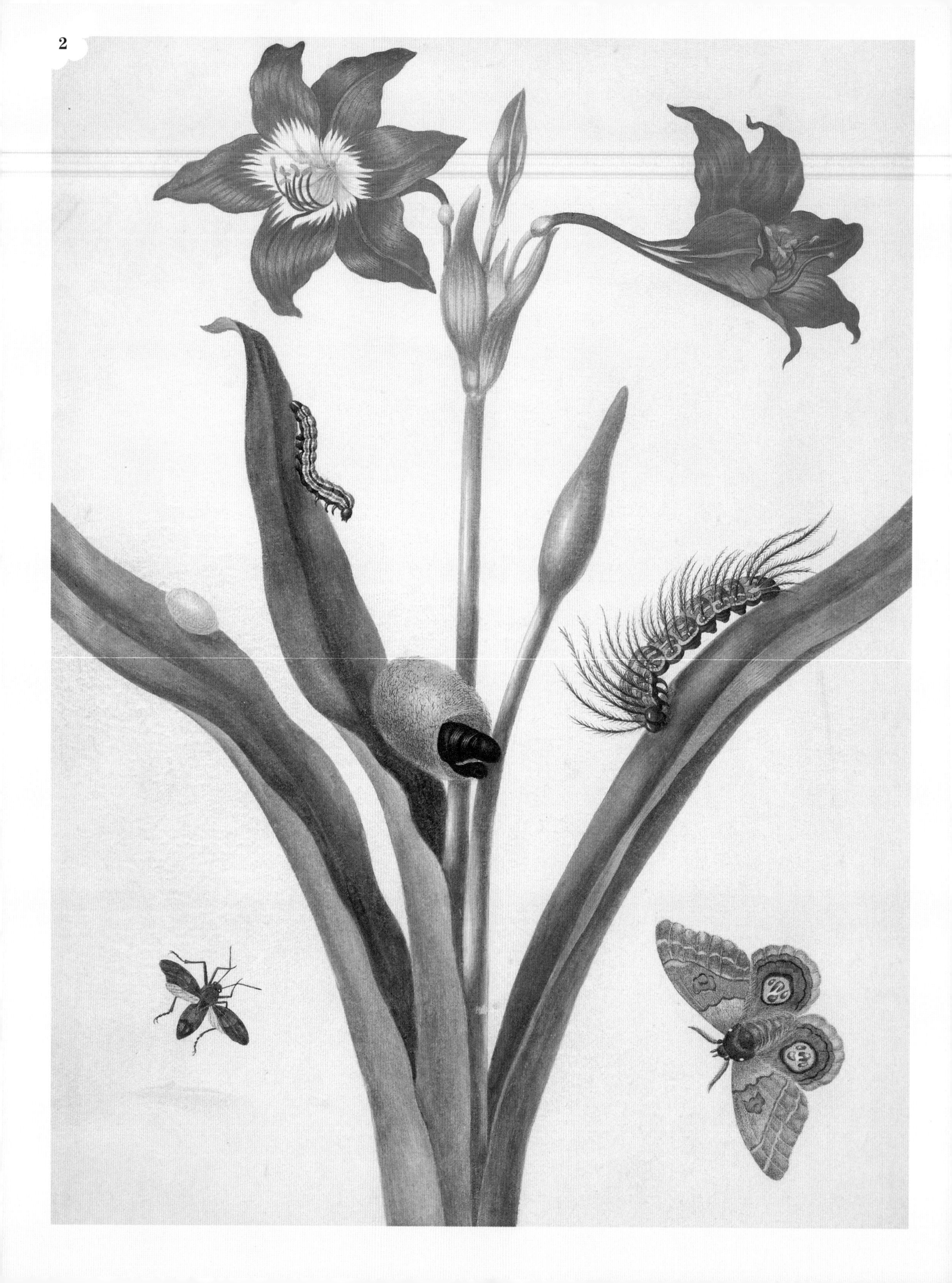

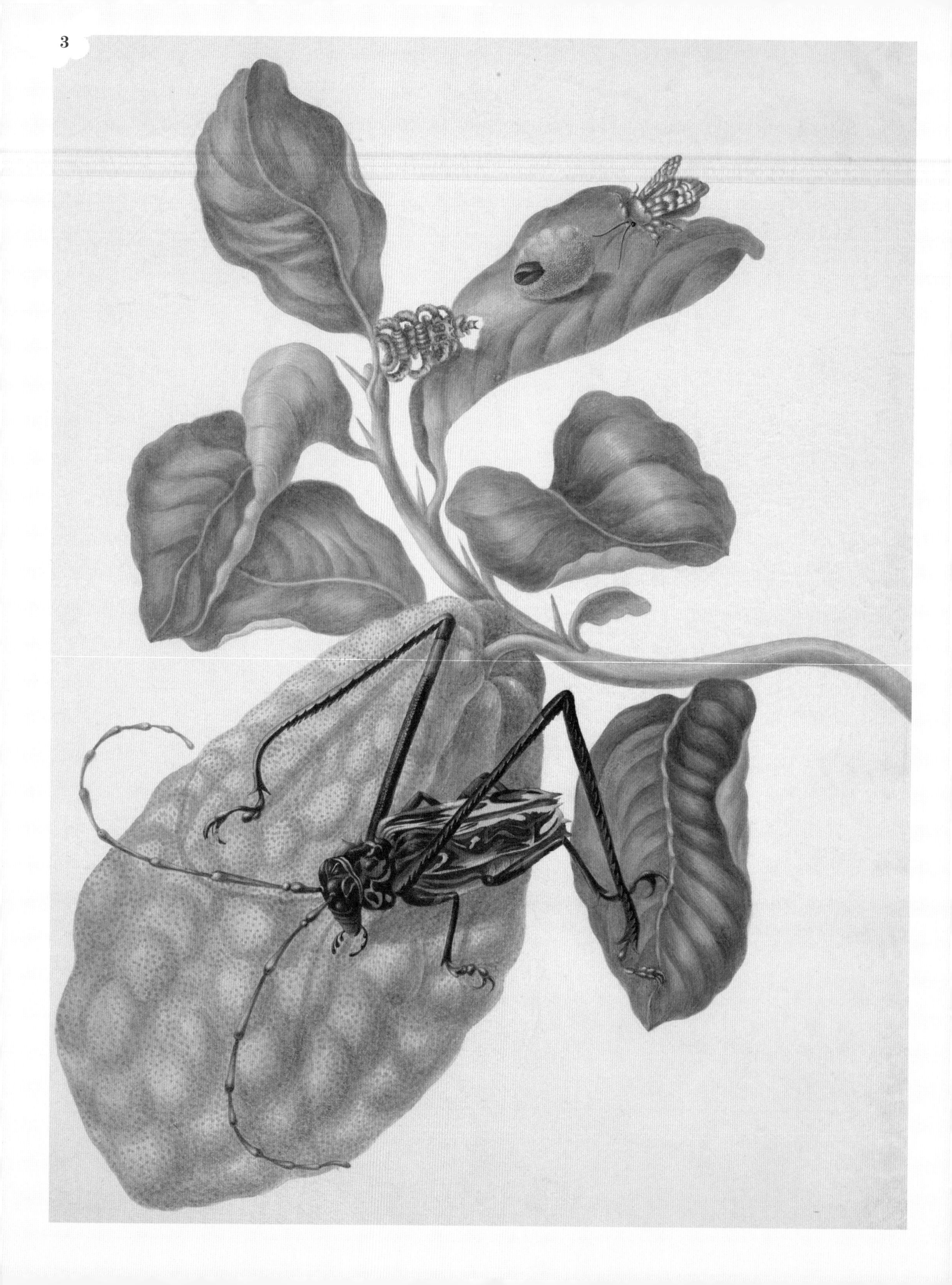

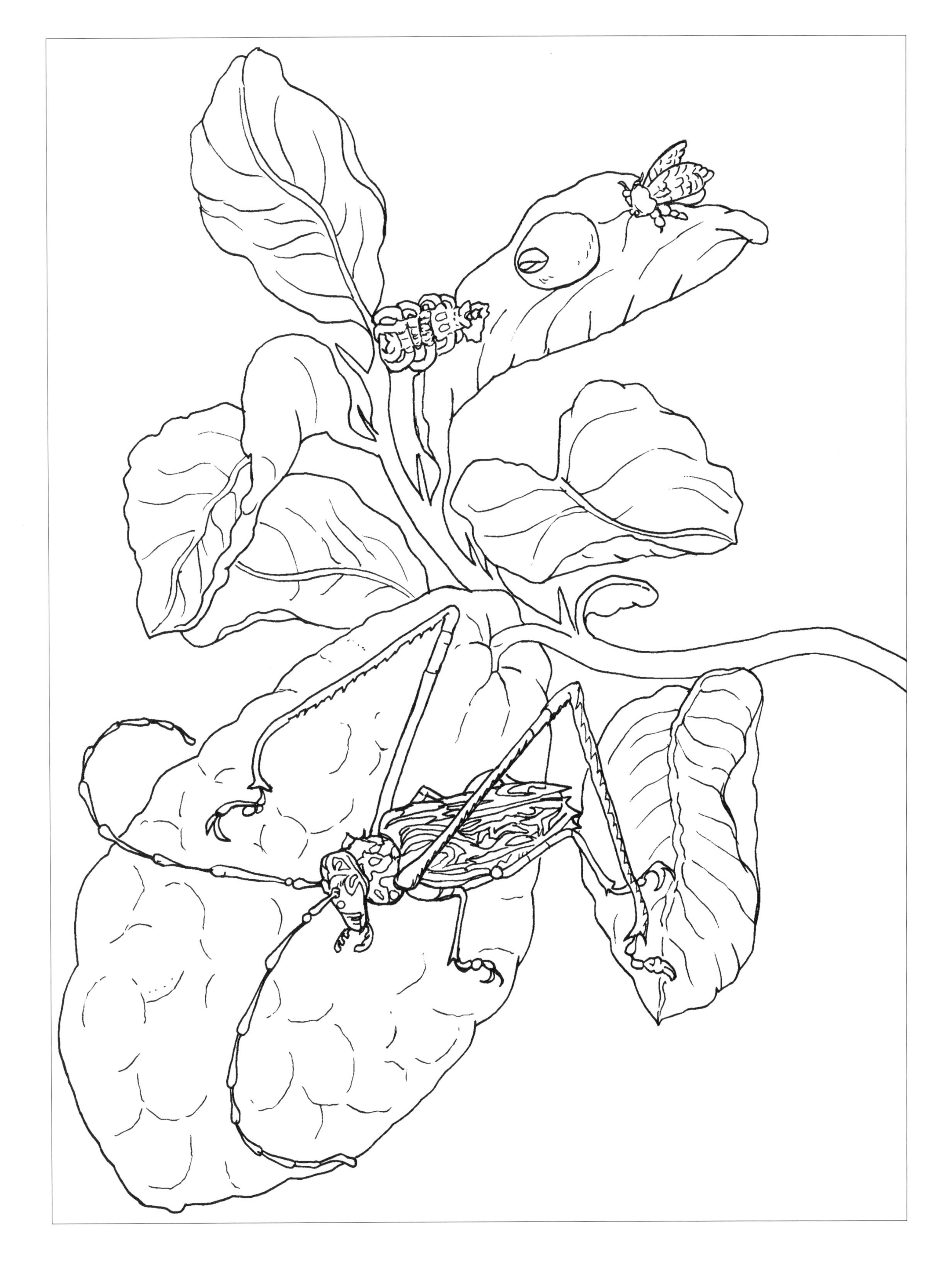

M. S. Merian fe.

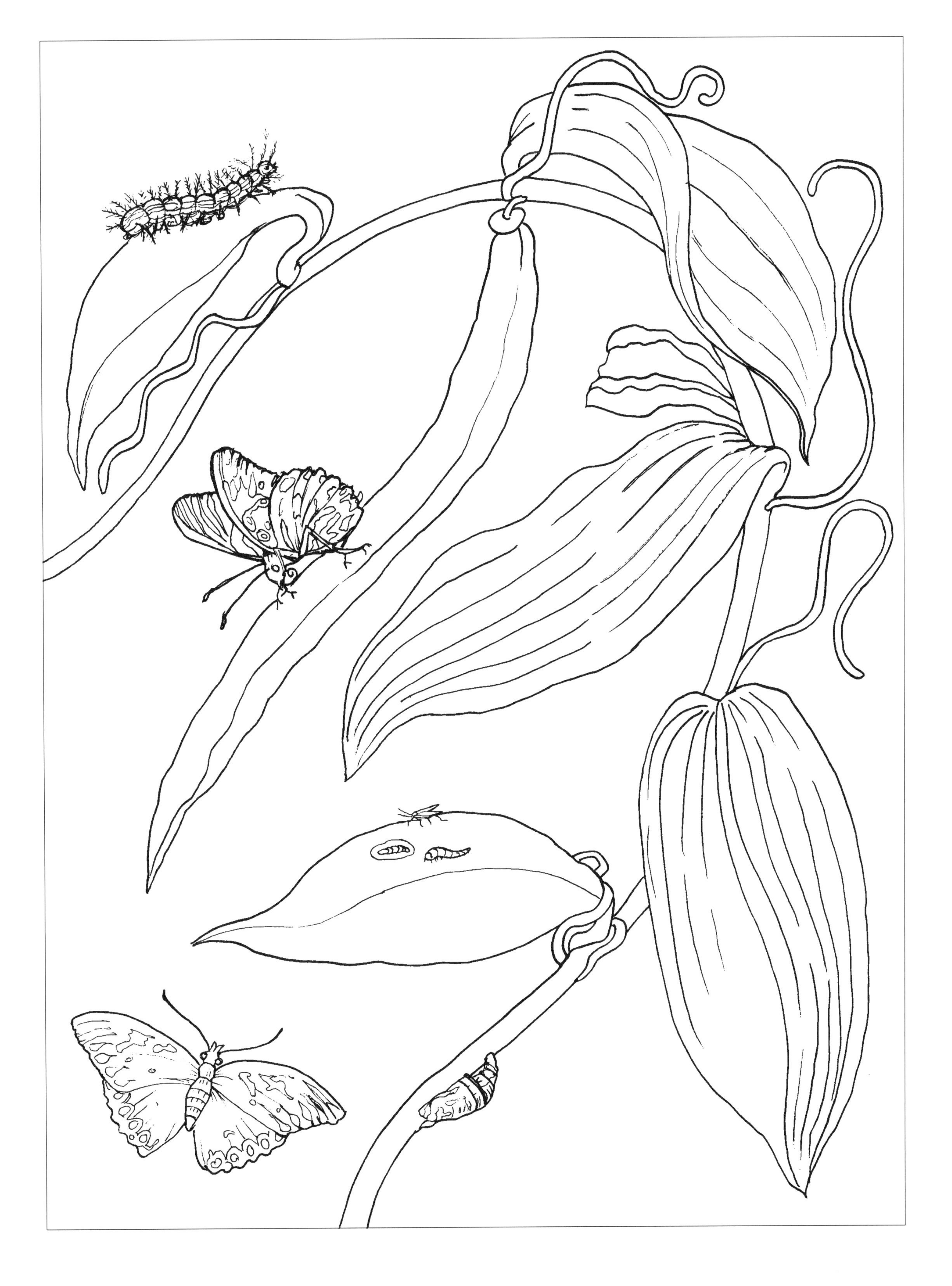

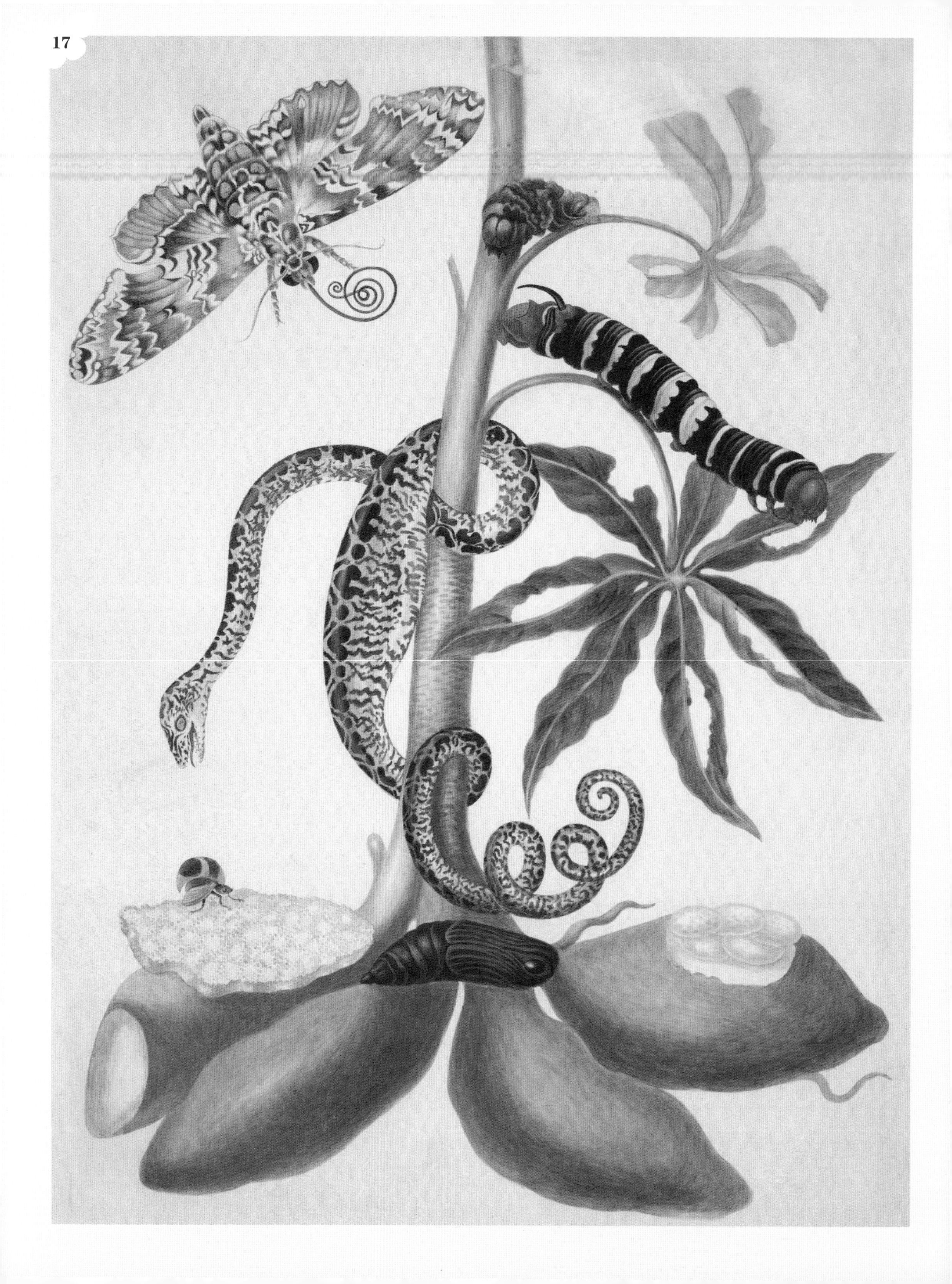

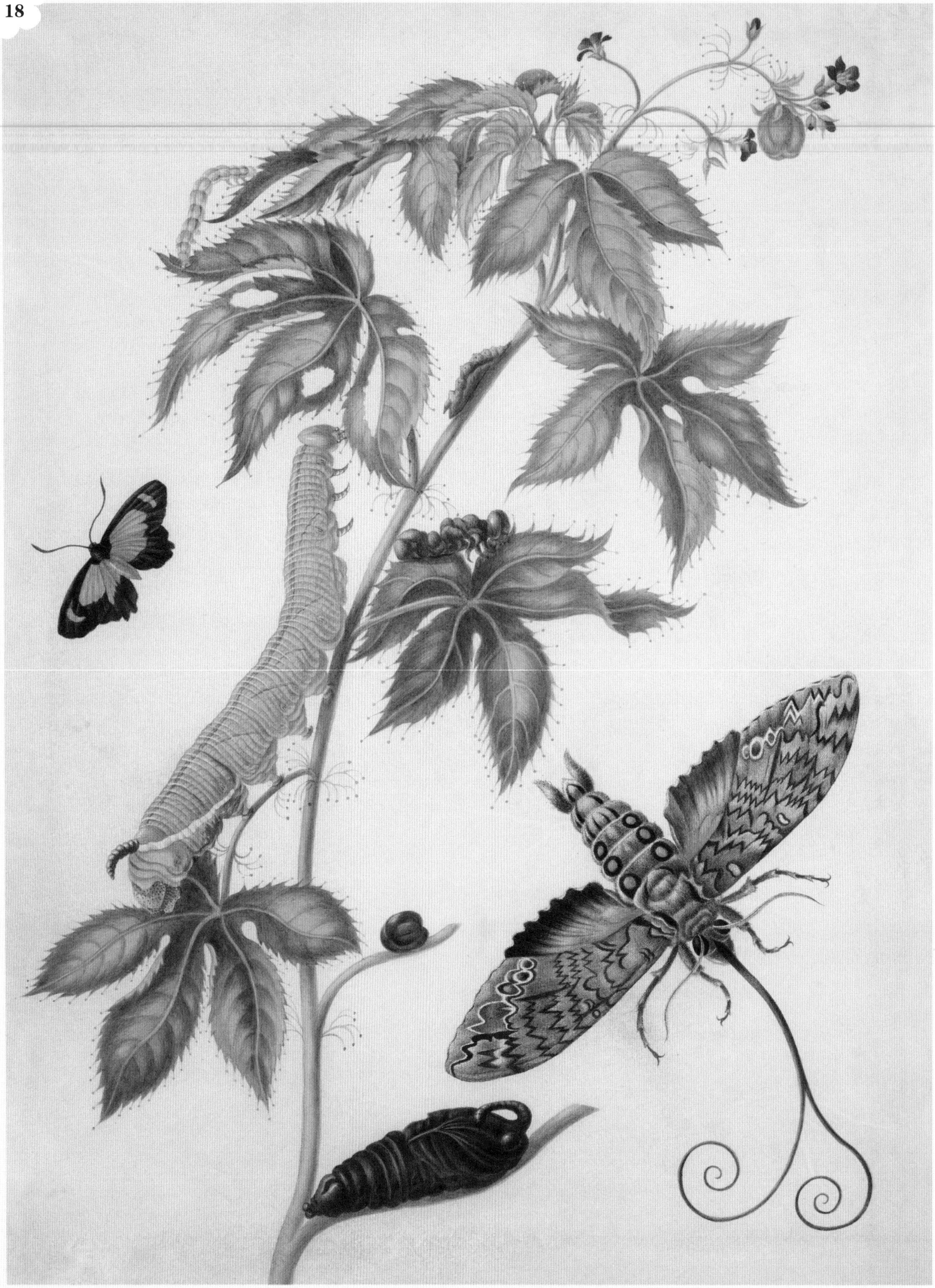

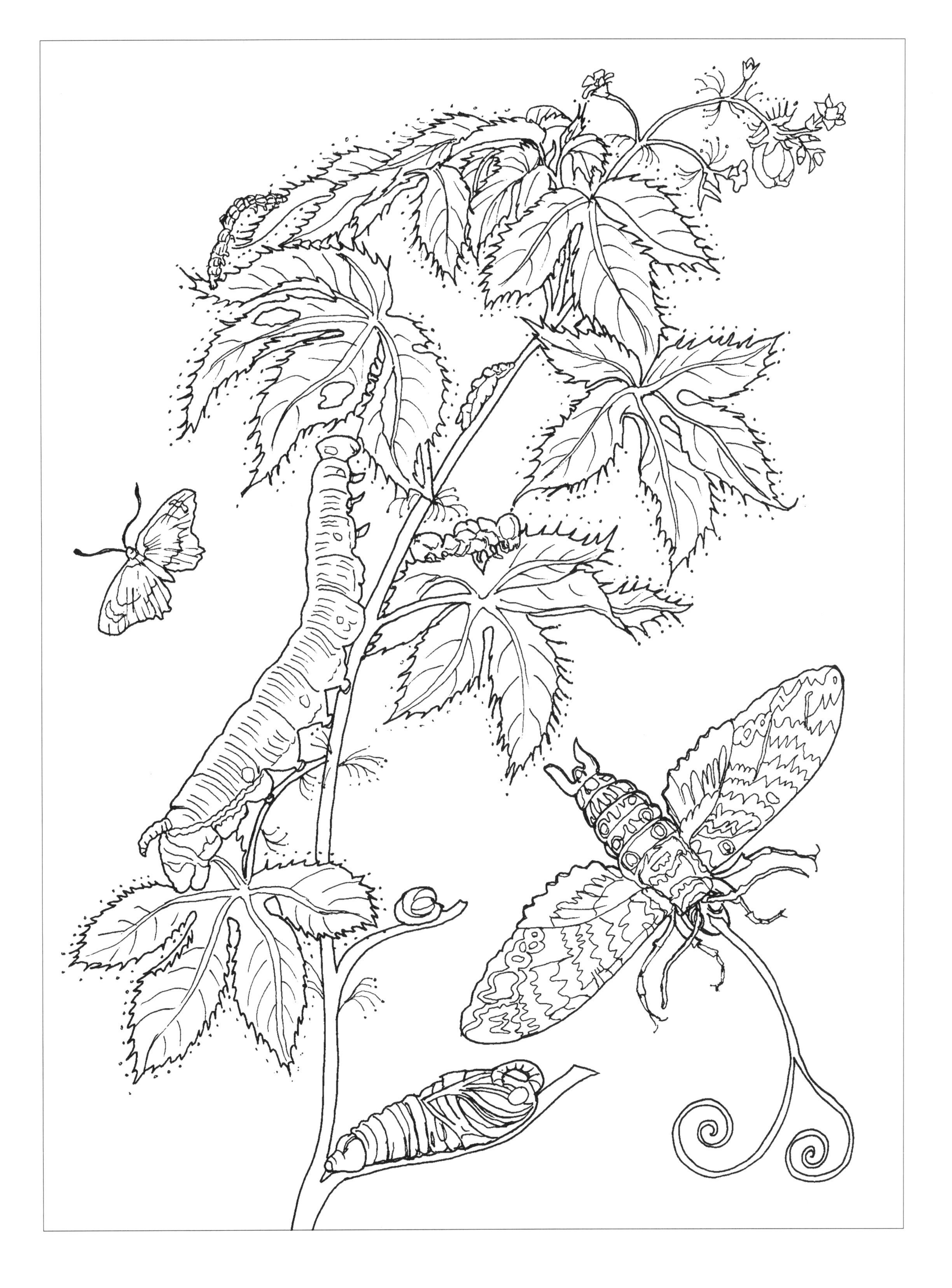

25

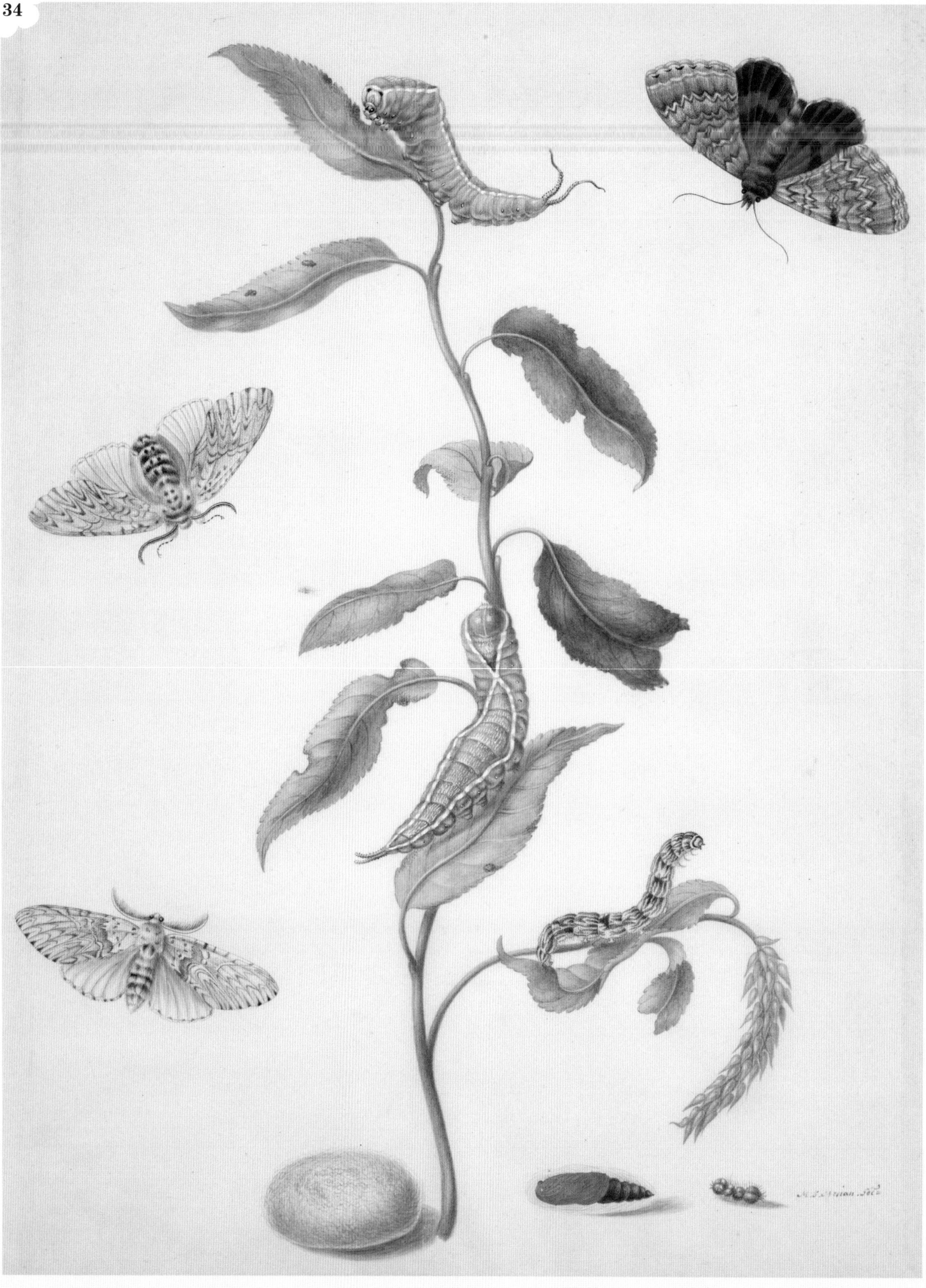

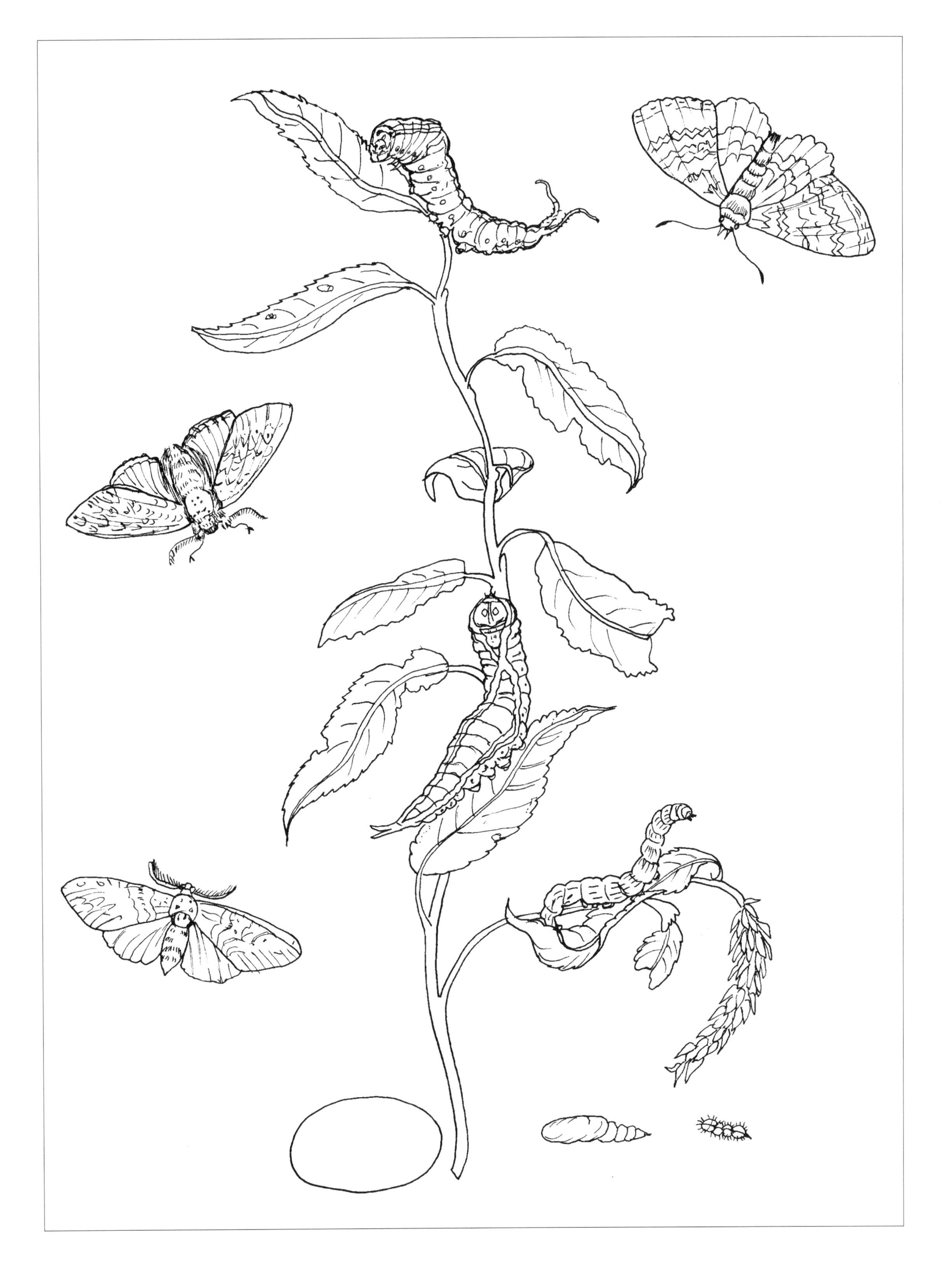

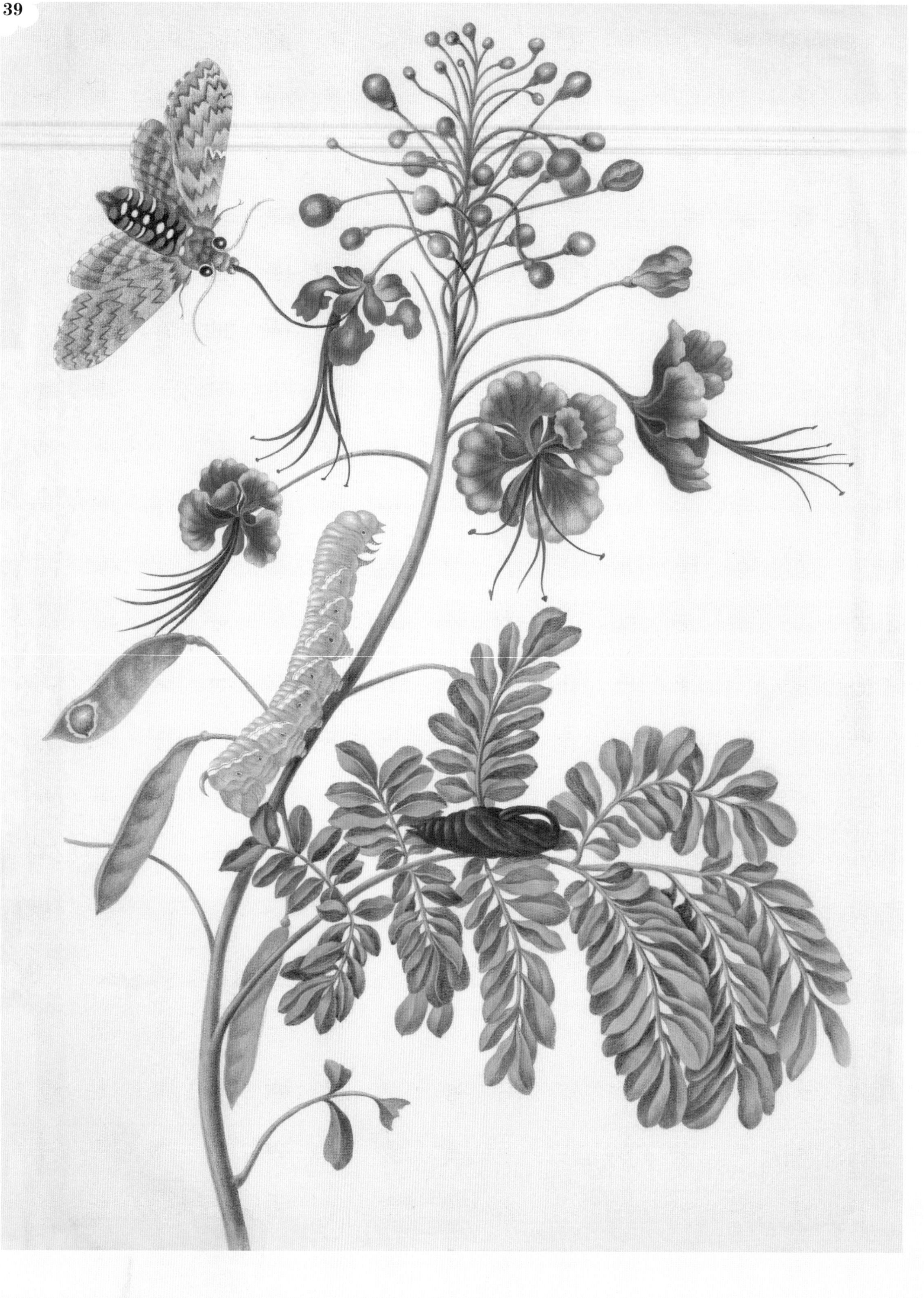

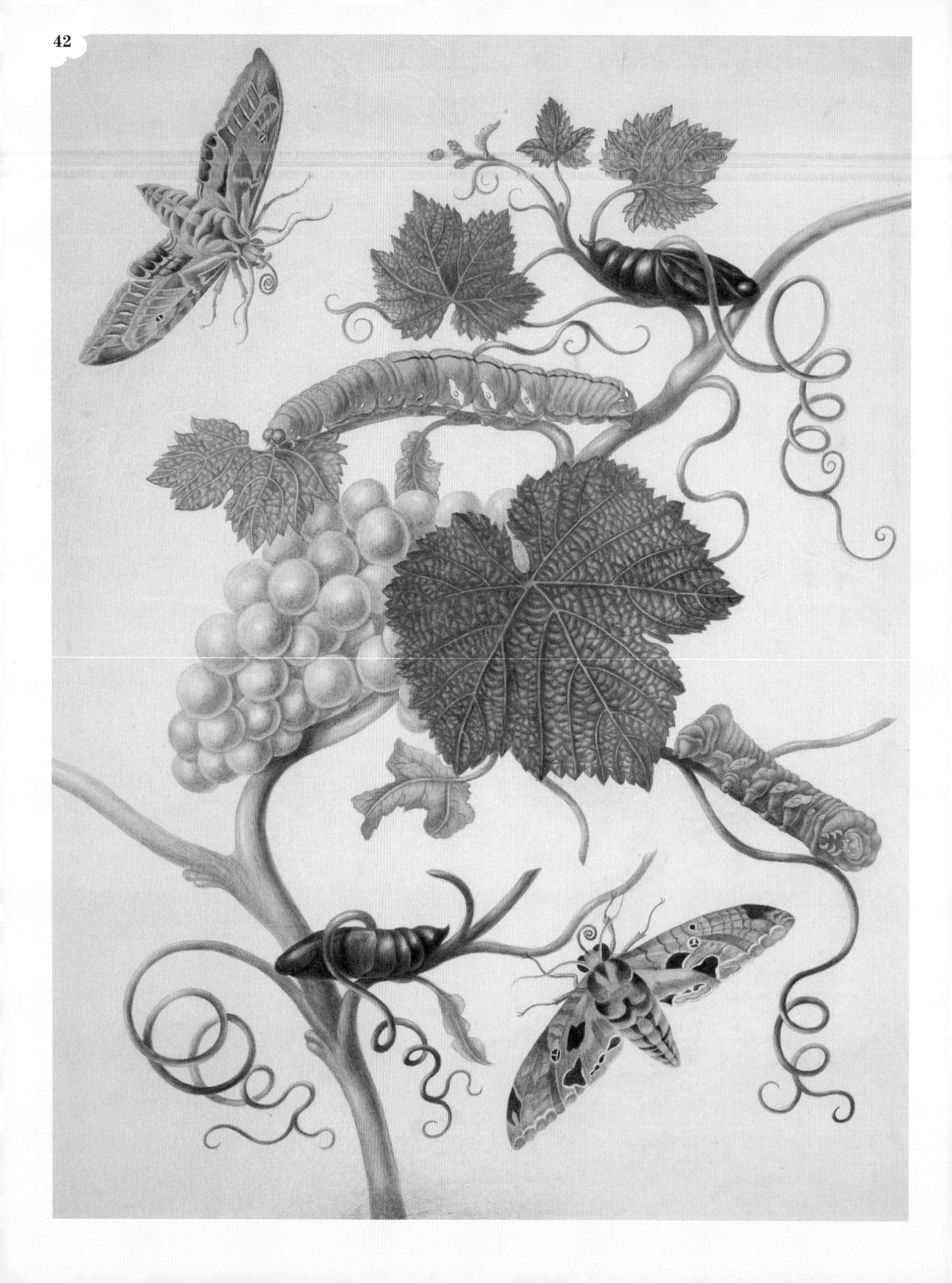

M. S. Merian. fec.

图说

1 红鸡蛋花与蛤蟆蛱蝶

红鸡蛋花原产于墨西哥，性喜湿润、高温、阳光，在中国南方大部分地区有栽培。开花时，花叶相衬，清香四溢。

蛱蝶科是蝴蝶中最大的一科，除了极地之外，全世界都有它们的身影。雄性蛤蟆蛱蝶会在交尾或向竞争对手示威时发出噼啪声，好像是在油锅里煎培根的声音，因此得其英文名“cracker”。

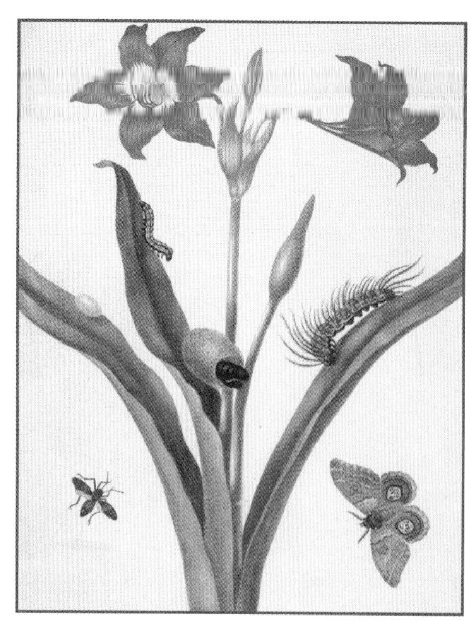

2 华胄兰、利比里亚刺蛾与叶足缘蝽

尽管与百合十分相似，华胄兰实属石蒜科，与君子兰和水仙花是一家，有很多园艺品种。

叶足缘蝽的脚上有叶状扩展部，它在刺吸花果或豆荚汁液的同时注入毒汁，使它们的表皮及皮下组织褪色、变形。叶足缘蝽的早龄幼虫喜爱群居，身体呈鲜艳的橘红色。

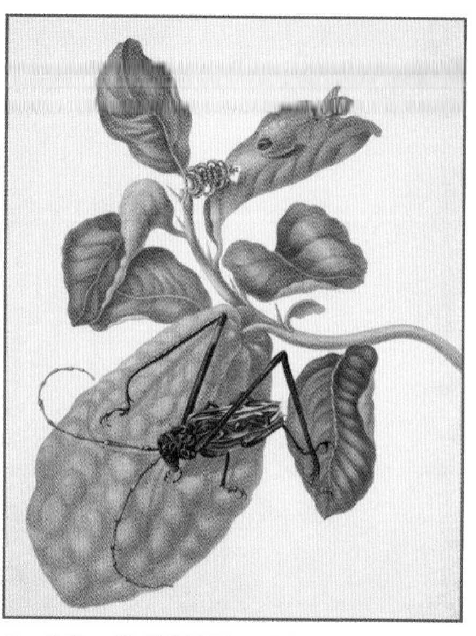

3 香橼、猴形刺蛾与长臂天牛

香橼为柑橘属，果实不太好吃，但清香袭人，在中国已有两千多年的栽培史。柑橘类水果的杂交品种数以百计，是世界上产量最大的一类水果。

猴形刺蛾的幼虫长得非常特别，三长三短的六对足密布棕褐色的刺毛，结茧时附肢伸出茧外，用以保护和伪装。和其他刺蛾一样，它的腹足会退化成为吸盘。

4 石榴、磷蜡蝉和蝉

蝉的卵多为白色，孵化后的若虫会先掉落地面钻入土中，一段时间后再爬出土壤进行羽化，等翅膀晾干后，成虫体色会慢慢加深，变成我们所熟悉的夏日一景。

某些蜡蝉的头部会呈中空的细长条状，几乎和身体一样长，顶部向上翘。因为它们的翅膀颜色艳丽闪亮，得了很多“会发光”的虚名，事实却并非如此。

5 木薯、白孔雀蛱蝶与哥伦比亚黑白泰加蜥

木薯适应性强，耐寒耐瘠。块根中淀粉含量极高，是热带发展中国家人们的主要粮食来源。

雄性白孔雀蛱蝶会监视以幼虫所栖植株为中心、直径约 15 米的一块区域，一旦有外敌或其他雄性蝶入侵，它们就会迅猛出击。

成年泰加蜥平均身长 60-100 厘米，身上布满黑色和金色的条纹，以昆虫、无脊椎动物、鸟类和一些水果为食。

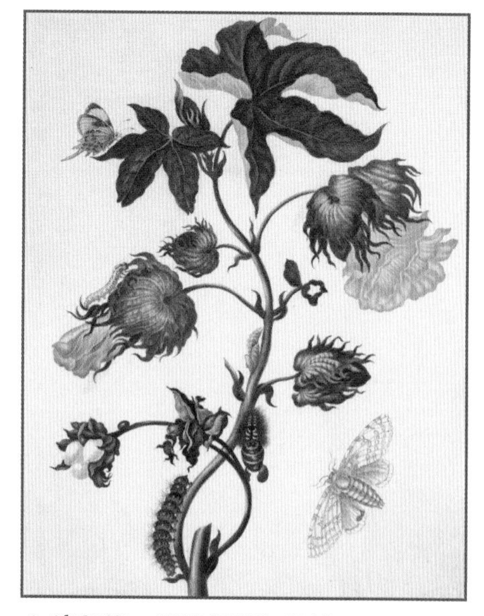

6 海岛棉、须缘蚬蝶与灯蛾

海岛棉的优良特性是纤维细长且强度高，是纺织纤维的上上品。

须缘蚬蝶广泛分布在南美洲，最大的特点是其后翅的尾突，翅底有明显的金属色斑点。属于中型蝴蝶，翅展为 35-40 毫米。

灯蛾亚科是个庞大的家族，包括大约 11000 种蛾。通常幼虫特别多毛，成虫鼓膜会发出超声波，胸部的另一个鼓室可以用来听声音。

7 石榴与大蓝闪蝶

大蓝闪蝶是巴西的国蝶。雄蝶翅膀的颜色十分绚丽，一可恐吓闯入其领地的不速之客，二可最大限度反射光线，提高它在热带雨林中的能见度。大蓝闪蝶在遇到危险时，会"快闪"——在扇动翅膀"亮瞎"敌人的同时迅速隐藏。而在晚上睡觉时，它则会将自己的翅膀折叠起来，露出黯淡的翅膀背面。

8 香蕉与利比里亚刺蛾

图中巨大的红色花瓣实际上是香蕉的变态叶，保护着位于上方的两排雌花。

利比里亚刺蛾属天蚕蛾科，是鳞翅目中最大型的一群蛾类。利比里亚刺蛾最大的特点是后翅中央有用来威吓捕食者的巨大眼纹。它的幼虫会在发育过程中即使是极轻微的触碰，都会触发其身上的棘状突起释放毒素。

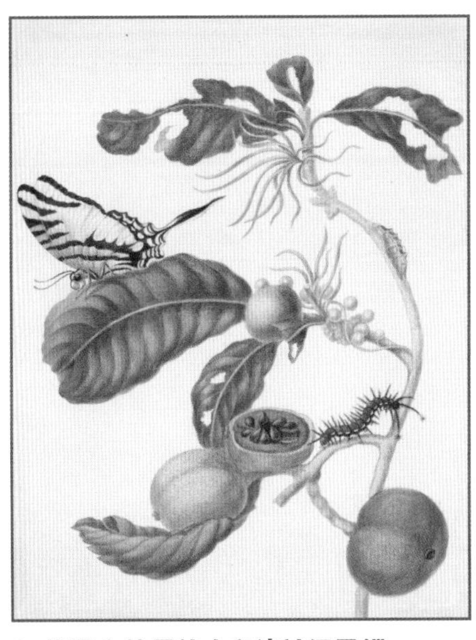

9 梅里安格尼帕木和海神阔凤蝶

由于根部释放抑制其他植物生长的毒素，在梅里安格尼帕木的势力范围中，几乎寸草不生，唯有蚂蚁可以啃食其叶。

海神阔凤蝶标志性的三角形翅膀、后翅上的长"飘带"和斑马纹使其极易辨认。由于毛虫会自相残杀，雌蝶会在叶片或树干上分开产卵，以杜后患。

10 柚子和月亮蛾

月亮蛾是一种在白天飞行的燕蛾——安第斯山脉以东的拉丁美洲"游民"。成年蛾的翼展大约是 7 厘米。像其他一些燕蛾一样，月亮蛾与凤蝶非常相似，夜晚休息的姿势也是翅膀垂直于背部，经常被认作蝴蝶。翅膀上明亮的警戒色向掠食者警告了它的毒性，而且这些颜色非来自色素，而是光的干涉和相干散射这两种效应合成的结果。

11 塞维利亚柑橘和金罗氏天蚕蛾

在 10 世纪左右，塞维利亚柑橘由摩尔人引进西班牙并大量栽培，它可以用来制作果酱，或提炼香精、溶剂，在欧洲被大量用于烹饪和酿酒。

同为天蚕蛾科的大型蛾，金罗氏天蚕蛾与皇蛾长得非常像，身体呈三角形，前翅及后翅上都长有黑色边线的眼状纹，但没有皇蛾前翅末端突出的两个"蛇头"，翅展在 15 厘米左右，至于花纹为何会如此夸张迷幻，学界尚无定论。

12 香蕉、黄带猫头鹰环蝶和彩虹鞭尾蜥

黄带猫头鹰环蝶有着明显的眼斑，可以诱骗鸟类调转方向。单眼（与复眼相对）眼斑上是大瞳孔和淡色虹膜，模拟蜥蜴或两栖类动物的头部，以阻止捕食者近前。黄带猫头鹰环蝶通常每次只飞行数米，且倾向在捕食者较少出现的黄昏时飞行。

彩虹鞭尾蜥除了有性生殖，雌性还可以选择自己繁衍后代。这种过人的本领就可以保持遗传多样性和物种竞争力。

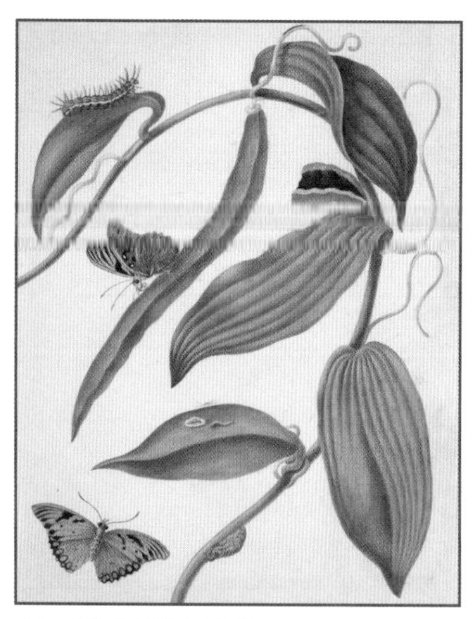

13 香草和银纹红袖蝶

16世纪初，西班牙征服者将墨西哥人最早种植的香草和巧克力带到了欧洲。可是由于缺少特定的蜜蜂为香草授粉，直到1841年，一个12岁少年发现了“人工授粉”的方式，香草这才被大规模种植，成为人们广泛使用的香料。

银纹红袖蝶身上橙黑相间的花纹是一种警戒标志，使鸟类对它敬而远之。在化蝶之前，蝶蛹看起来就不那么霸气了，好像一片枯叶。

14 菠萝和绿袖蝶

菠萝和凤梨是同一种水果的不同品种。比较起来，凤梨更绿、更大，削了皮就能吃，而菠萝表面的包头更深，不仅要削皮还要去刺，泡过盐水才能吃。此外，菠萝叶片还带齿。

绿袖蝶的翅展有110毫米，以花蜜为食。雄蝶通常会在树冠高度飞行，有时候会在阳光照射下的小溪或碎石沙滩边汲取富含矿物质的水，雌蝶有时会飞近地面为产卵选址，找到心仪的叶片后，产在它的背面。

15 蓖麻和蓖麻袖蝶

蓖麻原产于非洲，后经亚洲传入美洲，再传到欧洲，对地域一点也不挑剔，而且浑身上下都可以被人们利用。

袖蝶是科学家研究进化的明星蝴蝶，擅长拟态，有时还带着其他蝴蝶协同进化。有的袖蝶直接照抄那些有毒蝴蝶的花纹，省去了它们在不同微环境中还要重新适应环境、“教育”捕食者的成本。

16 闭鞘姜与香蕉根蝶蛾

与它的近亲生姜所不同的是，闭鞘姜的叶子螺旋式地长在茎上，每次开花从下至上只开两朵白花，到花谢为止，因此也得名“白头到老”。

蝶蛾科的蛾子因为其棒状的触角和白天活动的习性，很像蝴蝶。香蕉根蝶蛾的成虫翅展在64-80毫米之间，幼虫会在香蕉茎的中央蛀出一条隧道，在其中休息、化蛹。

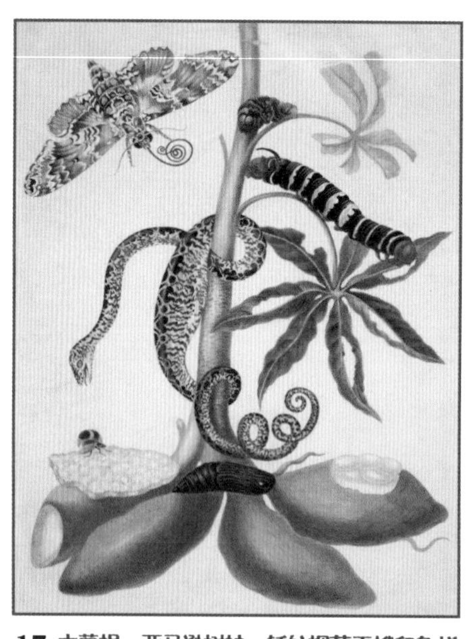

17 木薯根、亚马逊树蚺、锈纹烟草天蛾和角蝉

亚马逊树蚺非常具有观赏性，有些品种的肤色极其艳丽。同时，它强烈的攻击性和暴脾气也是出了名的——它甚至可以抓住从它攻击范围中掠过的鸟和蝙蝠，用像针一样的长齿咬住猎物的头部，用身体勒住猎物绞杀致死后囫囵吞下。

角蝉深谙模仿艺术。一只角蝉栖在树杈上时看起来像是长出的一个刺或突起，而当十几只角蝉一起休息时，它们竟会等距排开，和真的小树杈几无二致。

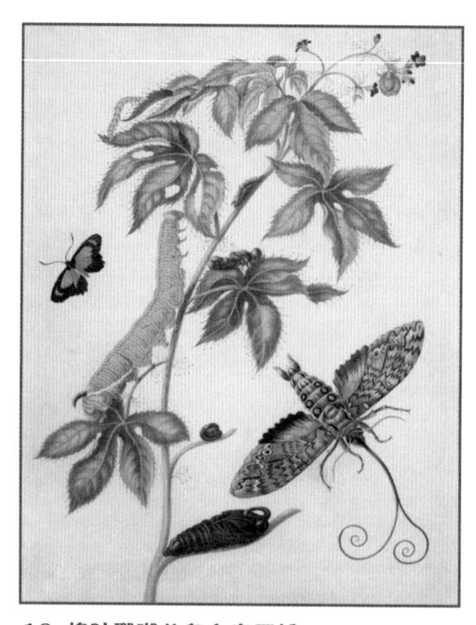

18 棉叶珊瑚花和安泰天蛾

棉叶珊瑚花的新叶呈紫红色，上面覆有短柔毛，具有黏性，随着时间的推移，它们会慢慢变绿，黄芯红瓣的小花也会一丛丛渐次开放。不过它们对哺乳动物有毒性，被认定为毒草。

安泰天蛾的翅展在126-178毫米之间，飞行速度达到53公里每小时。长长的喙使其成为鬼兰唯一的传粉使者。

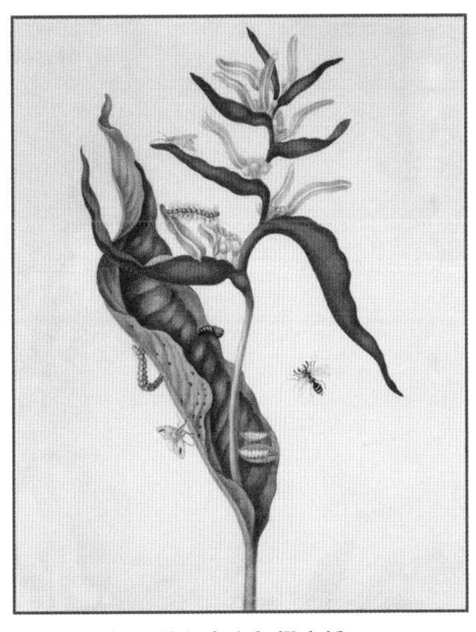

19 红宝蝎尾蕉和南方灰翅夜蛾

蝎尾蕉也叫富贵鸟，花序形态招展婀娜，是艳丽的热带观赏植物。蝎尾蕉的地下茎蔓延分生的能力很强，园艺中常采用对地下茎进行分株的方法使蝎尾蕉繁殖。红宝蝎尾蕉的株高可达 1.2-1.8 米。

南方灰翅夜蛾也叫切根虫或者地老虎，因为它们喜欢成群结队地搞破坏，将植物茎切断。

20 西印度樱桃和双列闪蝶

西印度樱桃的维生素 C 含量约在 1677.6 毫克每 100 克果肉——只要两颗樱桃就可以满足成人一天的维 C 需求。

双列闪蝶只在海拔 1000 米以下的热带雨林中生存，幼虫在胸部有可外翻的腺体，在遇险时释放强烈的气味进行防御。亮蓝色翅膀的下表面呈深棕色，即使是在将翅膀合起休息时遭到鸟类攻击，眼纹也会将捕食者引离要害部位，乘机逃跑。

21 苦木裂榄木和强喙夜蛾

苦木裂榄木树皮发红会剥落，好像被晒伤的游客，所以在美国也叫“游客树”。它的生态价值很高，可以适应沙化或盐度高的土壤，可以抵挡飓风侵袭，还可以为当地和路过的鸟类提供果实，是森林再造的先锋植物。

强喙夜蛾也叫白女巫夜蛾，翅展达 32 厘米，是世界上翅展最长的昆虫。翅膀上复杂的锯齿形图案可以将自己完美隐藏于灰白的树干上。

22 百叶蔷薇

百叶蔷薇是由荷兰的花匠经过多次杂交选育而培育出的品种，它的血统可能来自大马士革玫瑰，也可能来自其他培育种。百叶蔷薇香气浓郁，花朵呈球形，花瓣层层叠叠。绝大部分花是粉色的，也有白色和深紫红色。

23 无花果和无花果天蛾

无花果的栽培史距今已经有一万多年，而它最重要的特征是隐头花序，也就是只见果，不见花。事实上，无花果的果实上有一个小孔，雌性榕果小蜂会带着身上的花粉钻进果实给雌花授粉。狭小的通道会使其失去翅膀和触角，于是雌蜂在果内产卵，终其一生。它的幼虫会在果内发育、成虫、交配，而没有翅膀的雄虫会穷尽余生挖出一条让雌虫出去的无花果隧道。飞出去的雌虫会带著受精卵和无花果顶部的花粉，去寻找新的无花果，延续生命的循环。

24 木芙蓉和安凤蝶

木芙蓉在清晨开放时呈白色，中午渐变为粉色，到了傍晚变为红色。单个花朵的重量也随颜色加深变轻，花青素的含量则递增。研究发现，花色的变化与温度有关，其他的秘密还有待发现。

凤蝶科的蝴蝶大部分色彩斑斓、姿态优雅，通常有尾突，所以又称燕尾蝶。安凤蝶雄蝶翅膀表面有互相对称的大块黄色斑块，雌蝶前翅有白斑，后翅为深蓝色。比较罕见的是兼具雌性和雄性特点的安凤蝶，它们是雌雄嵌体。

25 葡萄藤和美洲优模天蛾

美洲优模天蛾的翅展在 11-12 厘米之间，身体和前翅都是墨绿色的，后翅有蓝紫色的花斑和黄色的边沿，内侧还有红点。夜晚，雄蛾在风中捕捉雌蛾释放出的费洛蒙来追寻它们的踪迹。交尾后，雌蛾喜欢在葡萄藤的叶片上产卵。在准备化蛹之前，毛虫会沿着葡萄藤钻入地下，卡在羽化的前一刻冒出地面。化蛹之后，它们会找一个平坦的地方歇脚，把液体泵进翅膀来舒展身体。

26 一种豆科植物、黄带大翅环蝶和油绡蝶

大翅环蝶属的蝴蝶幼虫喜欢群居，寄主植物为椰子树等棕榈科植物。成虫口器退化，寿命小于两周。

油绡蝶喜欢在树荫中贴地飞行，翅膀薄膜上没有色彩，也没有鳞片，近乎透明不反光。这种迷人的透明翅膀是因为它的微观结构对可见光的吸收度低，散射光透过比例低，对光的反射率也很低。

27 刺果番荔枝和烟草天蛾

原产于南美的刺果番荔枝尝起来是草莓和菠萝的融合，还有点柠檬的酸味，肉质介于椰果和香蕉之间。当气温低于 5℃时，刺果番荔枝的枝叶就会被冻伤，低于 3℃会致命。

天蛾科的特点是翅膀较窄，身体呈流线型，可以快速、持久地飞行。它们可以在花前悬停吸食花蜜，有时会被误认为蜂鸟。它们还懂得如何瞬间“漂移”，躲避埋伏的捕食者。

28 美洲格尼帕树和鹿角长牙大天牛

美洲格尼帕树是南美印第安人的好伙伴。果实可以食用，汁液可以止血，树叶可以泡茶。氧化后的果汁还会变成蓝黑色，是常用的纹身染料。

已发现的最大的雄性鹿角长牙大天牛体长超过 17 厘米，比一个成人的手掌还要长，是仅次于泰坦天牛的世界第二大天牛。这种天牛一辈子大部分时间都是以幼虫（更为硕大，长至 21 厘米）的形态度过的，这个时期可达十年，而成虫期只有短暂的几个月。

29 乳茄、南美叶螳和豆叶夜蛾

乳茄的果实有乳头状凸起，表面呈亮黄色，全株有毒。在美洲，它叫“索多玛的苹果”，意为金玉其外，败絮其中。在中国，它叫“五子登科”，因其形状讨巧，颜色喜庆。

叶螳最大的特点是它的伪装术——横向扩展的胸部、圆形的鞘翅和喜欢贴树枝趴着的习惯让它看上去就是一片树叶。

豆叶夜蛾在美洲大部分地区都有分布，幼虫的食物包括大豆、菜豆和石蒜科、伞形科、唇形科的植物茎叶。

30 酸番石榴、窗绡蝶和绵毛绒蛾

酸番石榴是 1-3 米高的灌木，有时也可长成 7 米高的乔木。树皮和叶子带浅灰色，果实表皮黄色，可以生吃。

窗绡蝶是蛱蝶科窗绡蝶属的唯一一个物种，分布在新热带界，即南美大陆、墨西哥低地及中美洲。

绒蛾幼虫被称为具盖绒蛾毛虫，有着又长又密的毛发。要是人们不小心触碰到它，有毒的体刺会造成局部刺痛和炎症，严重的还会引起恶心和休克。

31 望江南和梅里安决明斜条环蝶

望江南又名扁决明，属于豆科。原产美洲热带地区，现分布在全世界热带和亚热带地区，它的药用价值也广为人们所知，可以作为一种利尿、治疗风湿和糖尿病的茶饮。

梅里安决明斜条环蝶是以梅里安的名字命名的许多物种之一。这种斜条环蝶的幼虫喜欢吃椰子树和油棕榈树的叶子，长到成虫后，它们只有大约10天的活跃期，在这期间要吃东西、交配和产卵，完成使命。

32 细齿彩苞岩桐和大蓝闪蝶

大蓝闪蝶也叫墨涅拉俄斯大蓝闪蝶。墨涅拉俄斯是希腊神话中斯巴达的国王，发动特洛伊战争，夺回了妻子海伦。梅里安曾形容大蓝闪蝶："好像抛过光的银器，有着美到无法形容的深蓝色、绿色和紫色，画笔是不可能表达出这种美的。"最后她使用了珠光的颜料使蝴蝶的翅膀可以在光下闪烁。

33 番木瓜和蛱蚬蝶

原产于热带美洲的番木瓜在唐代传入中国，外形与中国木瓜类似，所以叫它番木瓜。

蚬蝶一名源于其物种在叶面上休息时，四翅呈半展开状，形如熟蚬。它们的翅膀上常带有鲜艳的金属色斑纹。

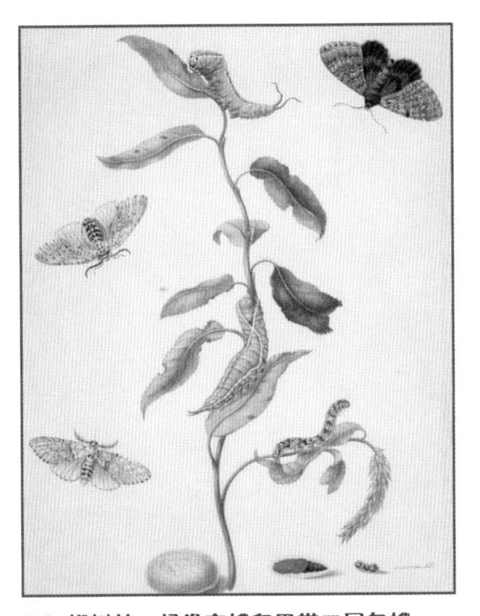

34 柳树枝、杨裳夜蛾和黑带二尾舟蛾

和许多夜蛾一样，杨裳夜蛾前翅表面的色彩黯淡，可以在白天休息的时候隐藏自己。当被鸟儿等不速之客打扰时，它就突然起飞，亮出自己艳丽的后翅，趁捕食者还没回过神来，迅速降落，重开"黯淡"模式，化于无形。

黑带二尾舟蛾后胸背突成楔形，尖端向后突出。腹部延伸出一条带有两根鞭毛的的双岔尾。遭遇威胁时，毛虫会抬起头部和尾部，作出防御姿势，如果对方不识趣，它会喷射出蚁酸进行攻击。

35 素馨花、木薯天蛾和亚马逊树蚺

相传素馨花的原产地是印度东部，16世纪随摩尔人传入了西班牙，所以它也叫西班牙茉莉。素馨花洁白无暇，香气四溢，我们所熟悉的茉莉精油就是从素馨花中提取的，在香水工业中，它的地位仅次于玫瑰，真是"香也香不过它"。

木薯天蛾的翅展在75-85毫米之间，腹部有黑灰条纹，雌蛾和雄蛾的后翅上面都呈橘色，边沿有黑色条带。幼虫的食物包括木薯、番石榴和一品红。

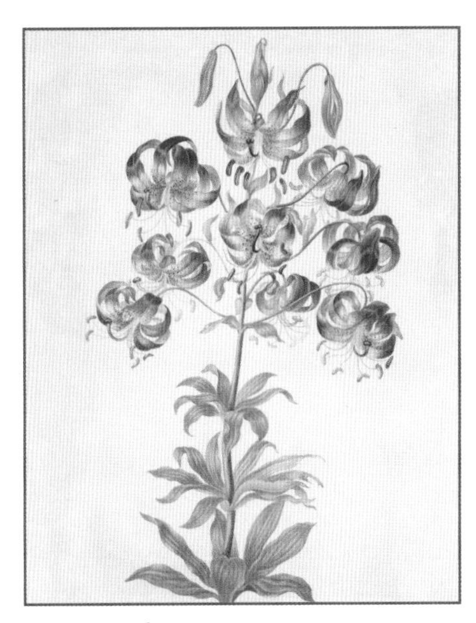

36 华丽百合

华丽百合耐湿、喜光。在阳光下盛放的华丽百合花如其名，急剧下弯的萼片和花瓣碰到茎上，形成了一顶顶传统的"土耳其帽"。华丽百合的根是美洲原住民的一道菜，花蜜是蜂鸟和大型昆虫的美食，然而猫却对华丽百合的毒素特别敏感，有时甚至毙命，即使只是蹭到花粉，猫还是有可能在洗澡的时候将它舔进肚子造成中毒。

37 黄酸枣和爱贝优蚬蝶

黄酸枣原产于美洲热带地区，这种漆树科的落叶乔木可以长到20米高、树围1.5米。热带地区的人们发现了很多黄酸枣的药用价值，比如苏里南居民会用浸泡树叶的水来治疗眼部发炎和痢疾；在科特迪瓦，黄酸枣的根是常用的退烧药；在尼日利亚，人们用树叶浆煮出的汁洗脸消肿。

38 水飞蓟

水飞蓟据说原产于希腊的克里特岛，现在世界各地都有分布。这种看上去满身是刺的菊科植物颇有特色：叶片呈长卵形或披针形，上面有大型白色花斑，边缘和顶端有坚硬的黄色针刺，红紫色的花丝密密地挺立着。水飞蓟长成后高度有1.2米，适应性很强。它最为人们所知的是它保肝利胆的功效，作为药用至今已有两千多年的历史。

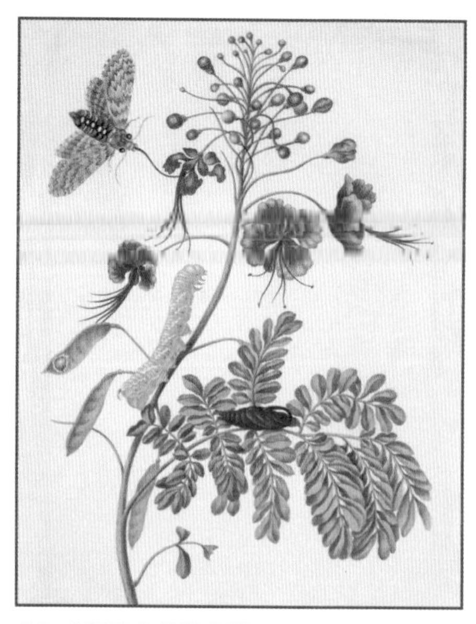

39 金凤花和烟草天蛾

金凤花属于豆科植物，是可以长到三米高的大灌木或小乔木，长长的红色花丝会伸到花瓣之外，好像上下翻飞的蝴蝶，所以也叫黄蝴蝶。

烟草天蛾的幼虫以烟草、番茄等植物的茎、叶为食，可以选择性地吸收代谢烟草中的神经毒素尼古丁，在遇险时再把代谢物重新合成为尼古丁，通过气门喷射到空气当中，警告蜘蛛等捕食者。

40 樟叶西番莲和螟蛾

樟叶西番莲是草质藤本植物，花序退化，花梗粗壮，多野生在热带地区。西番莲果有绿色或深橘色的外表，果肉非常多汁，口味温和，香气馥郁，没有百香果的酸涩味。

螟蛾的蛹呈纺锤形，在茎秆内、树杈间、土壤中吐丝化蛹。它们大多数以钻蛀的方式取食，也有少部分卷叶取食。

41 酸番石榴和烟草天蛾

酸番石榴属桃金娘科番石榴属。桃金娘科植物主要产于澳大利亚和美洲的热带和亚热带地区，花朵纤细，植株高大，共同的特征是雄蕊多如睫毛，花丝柔软细长。番石榴属大部分物种的果实都可以被食用，也因此被广泛栽培。番石榴是一种适应性很强的热带果树，树高可达5米，它的果实虽然吃起来香甜，但闻上去有一股臭味，故又名鸡屎果。酸番石榴和番石榴相比，果实比较小，但品质高，更耐寒。

42 葡萄藤、葡萄优模天蛾和卫星优模天蛾

卫星优模天蛾的翅展在114–134毫米之间，名字可能来源于盘旋的飞行方式。葡萄优模天蛾的体型稍小。这两种天蛾的成虫吸食花蜜，而幼虫喜欢以葡萄属植物的茎、叶为食，有时会将葡萄叶啃得只剩叶柄。葡萄园的主人会养一些赤眼蜂来控制这些天蛾的数量。赤眼蜂将卵产在天蛾卵中，幼虫出生后以之为食，使得这些虫卵无法孵化。

43 两只苹果和舞毒蛾

舞毒蛾的幼虫食谱中包含五百多种植物的树叶，风会带着幼虫轻盈的茧飞往各处，它们也就“吹到哪吃到哪”。舞毒蛾的卵在1869年被一位法国昆虫学家带入美国后，对当地的植被造成了毁灭性的破坏，直到2010年当年，全美还有近五十万公顷的阔叶林叶子被它吃光。这使它位列世界百大外来入侵种，许多国家的口岸检疫部门都有对它的“通缉令”。

44 红珊瑚花和细带猫头鹰环蝶

红珊瑚花有鲜红色的唇形花，下唇三裂，雄蕊突出，包裹在绿色的心型苞片里面，似火热情喷薄而出，格外引人注目。

细带猫头鹰环蝶的幼虫取食自芭蕉属的植物，成虫翅展在110-140毫米之间。细带猫头鹰环蝶的拉丁文名字中含伊多梅纽斯，是特洛伊战争中克里特军领袖的名字。再看那后翅翅底又大又亮的眼斑和翅面上两条细长的色带，仿佛雄姿英发的将军。